Hundekekse

selber backen

Elisabeth Bangert

Hundekekse selber backen

Tierisch gute Leckerlis

EDITION XXL

Inhalt

Vorwort

Selbst gebacken schmeckt am besten – das gilt auch für Hundekekse! Der Hund als treuer Freund und Begleiter verdient es, mit ganz besonders schmackhaften und gesunden Leckerlis belohnt zu werden. Wer also gerne für die Familie backt, wird sicher viel Freude daran finden, auch für sein vierbeiniges Familienmitglied zu backen. Auch Kindern bereitet es großes Vergnügen, bei der Keksproduktion für ihren tierischen Freund mitzuhelfen.

Auf den folgenden Seiten finden Sie zahlreiche Rezepte, die einfach herzustellen sind und eine echte Alternative zu gekauften Leckerlis darstellen: frisch, preiswert und ohne Konservierungsstoffe oder Geschmacksverstärker. Mit knackigen Gemüse-Crossies, aromatischen Lachsplätzchen oder außergewöhnlichen Leberwurst-Eclairs können Sie garantiert jeden Hund begeistern! Allerdings sollten Sie immer daran denken, dass Leckerlis nur in Maßen gegeben werden dürfen – als Belohnung, zum Verwöhnen oder zu besonderen Gelegenheiten. Regelmäßiges Füttern großer Mengen schadet Ihrem Hund ebenso, wie es Ihnen schaden würde, wenn Sie täglich eine Packung Kekse verzehren würden!

Ich wünsche Ihnen viel Freude beim Backen!

Ihre
Elisabeth Bangert

Übrigens: Alle Rezepte in diesem Buch wurden in unserer Versuchsküche gebacken – und von unserem Verlagshund Don Carlos für gut befunden!

Ratgeber

Ein zufriedener, glücklicher Hund ist auch für seinen Besitzer eine Freude! Und wann ist ein Hund zufriedener als nach einem leckeren Fressen? Damit es ihm aber nicht nur schmeckt, sondern auch bekömmlich und gesund ist, müssen einige Regeln beachtet werden. Wir haben die Rezepte für Hundekekse natürlich darauf abgestimmt, aber vielleicht wird der eine oder andere Hundefreund dazu inspiriert, eigene Rezepte auszuprobieren. Damit dann nichts schiefgeht, finden Sie im Folgenden eine Auflistung der Lebensmittel, die Ihrem Hund guttun bzw. schaden. Am Ende des Buches können Sie Ihre eigenen Rezeptideen dann noch notieren.

Was Ihr Hund gut verträgt

Fleisch und Innereien:

Fleisch spielt bei der Ernährung von Hunden eine wichtige Rolle, da es wertvolles Eiweiß enthält. Geeignet sind alle Fleischsorten, außer Schweinefleisch (siehe S. 9). Neben gekochtem kann auch rohes Fleisch gefüttert werden, was sich in letzter Zeit zunehmender Beliebtheit erfreut und bei Hundefreunden unter dem Begriff *Barf* bekannt ist. *Barf* steht für *Bones and raw foods*. Wer seinen Hund mit Rohfleisch füttert, muss allerdings penibel auf Frische und Hygiene achten.

Obst und Gemüse:

Die in Obst und Gemüse enthaltenen Vitamine, Mineralien und Faserstoffe sind für den Organismus des Hundes sehr wichtig. Gemüse bekommt ihm am besten in gedünsteter und pürierter Form. Die meisten Obst- und Gemüsesorten sind gut verträglich, mit Ausnahme von Zwiebel- und Nachtschattengewächsen.

Fisch:
Hunde mögen Fisch sowohl gekocht als auch roh (dann bitte ganz frisch!). Er ist ein guter Eiweißlieferant und eine willkommene Abwechslung zu Fleisch. Wichtig ist, dass Sie immer die Gräten entfernen!

Was Ihr Hund essen darf, aber manchmal nicht verträgt

Eier:
Eigelb ist sowohl gekocht als auch roh für Hunde gut verträglich, Eiweiß hingegen sollten Sie nicht füttern, da es Stoffe enthält, die Verdauungsstörungen bewirken!

Mehl:
Verwenden Sie möglichst Vollkornmehl, da dieses nicht nur für Menschen, sondern auch für Hunde gesünder ist. Falls Ihr Hund auf Gluten allergisch reagiert, gibt es im Handel zahlreiche Alternativen, wie z. B. Maismehl, Reismehl, Quinoa, Amarant oder Buchweizen.

Milchprodukte:
Nicht jeder Hund verträgt Milchprodukte: Vor allem mit zunehmendem Alter nimmt die Produktion des Enzyms Laktase ab, sodass die Milch nicht mehr verdaut werden kann. Milch ist für die Ernährung des Hundes nicht notwendig, aber wenn Ihr Hund sie verträgt, darf er sie auch genießen.

HALTBARKEIT

Prinzipiell gilt, dass sich die Haltbarkeit der Hundekekse nach ihrem Feuchtigkeitsgehalt richtet: Je trockener sie sind, desto länger lassen sie sich aufbewahren. Feuchte Leckerlis müssen auf jeden Fall im Kühlschrank aufbewahrt werden. Wenn Sie Hundekekse als Vorrat backen wollen, dann empfiehlt es sich, sie einzufrieren. Ansonsten sollten die Leckerlis innerhalb weniger Tage verzehrt werden – was aus Sicht Ihres Hundes sicher kein Problem darstellt.

Nüsse:
Hasel- und Cashewnüsse werden in der Regel gut von Hunden vertragen, es sei denn, Ihr Hund hat eine Nussallergie. Bei Walnüssen ist äußerste Vorsicht geboten, da sie häufig von einem Schimmelpilz befallen sind, der für Hunde sehr giftig ist.

Salz:
Einerseits führt Salz zu verstärkter Flüssigkeitsansammlung im Körper, andererseits braucht auch der Organismus des Hundes Salz. Normalerweise wird der Bedarf bereits durch den Salzgehalt des Futters gedeckt, deshalb werden in unseren Rezepten salzfreie Brühen verwendet. Ein gesunder Hund verträgt aber auch eine gelegentliche zusätzliche Gabe.

Zucker:
Auch hierbei gilt: Die Menge macht's. In geringen Mengen ist Zucker – oder auch Honig – unschädlich, aber er sollte dennoch mit Vorsicht dosiert werden. Ab und zu ein süßes Leckerli ist vertretbar, jedoch nicht täglich!

Was Ihr Hund nicht essen sollte

Avocados:
Alle Bestandteile der Avocado enthalten das giftige Persin. Besonders gefährlich ist der glitschige Kern: Wenn ein Hund ihn verschluckt, führt das häufig zu Darmverschluss.

Hefeteig:
Durch Hefe kommt es im Magen des Hundes zu Gärprozessen. Die dabei entstehenden Gase können große Schmerzen verursachen.

Knoblauch:
Obwohl man in der einschlägigen Literatur und in den Internetforen immer wieder Hinweisen begegnet, Knoblauch könne problemlos gefüttert werden, sollten Sie besser davon Abstand nehmen: Er gehört zur Familie der Zwiebelgewächse, die für Hunde giftig sind. Wenn eine Mahlzeit eine geringe Menge Knoblauch enthält, ist das zwar kein Problem, aber es sollte wirklich die Ausnahme sein!

WASSER

Achten Sie immer darauf, dass Ihr Hund ausreichend trinkt! Sein Organismus benötigt Wasser, um einwandfrei zu funktionieren, und ein Wassermangel führt beim Hund ebenso wie beim Mensch innerhalb weniger Tage zum Tod. Stellen Sie deshalb immer einen Napf mit frischem Wasser neben den Fressnapf. Auch wenn Sie mit Ihrem vierbeinigen Freund unterwegs sind, sollten Sie darauf achten, dass er eine Trinkgelegenheit findet. In vielen Gasthäusern gibt es spezielle „Hundetränken".

Macadamianüsse:

Diese Nüsse sind sehr giftig für Hunde, sie führen zu Lähmungserscheinungen und anderen Erkrankungen.

Nachtschattengewächse:

Rohe Bohnen, Kartoffeln und Auberginen enthalten Solanin, ein für Mensch und Hund schädlicher Giftstoff. Allerdings wird er durch Kochen zerstört, weshalb Hunde Kartoffeln in gekochter Form durchaus verzehren dürfen.

Schokolade:

Das in Schokolade enthaltene Theobromin ist für Hunde giftig und kann im schlimmsten Fall sogar zum Tod führen. Als Alternative zur Schokolade können Hundebesitzer Kekse mit Carobpulver, das aus den Früchten des Johannisbrotbaums gewonnen wird, herstellen.

Schweinefleisch:

Rohes Schweinefleisch kann das gefährliche Aujeszky-Virus enthalten, das zwar für den Menschen harmlos, für Hunde jedoch tödlich ist. Schweinefleisch sollte deshalb möglichst gar nicht gefüttert werden, da man nicht ganz sicher sein kann, ob das Virus in gegartem Fleisch wirklich vollständig abgetötet ist.

Weintrauben und Rosinen:

Sie bewirken Durchfall und Erbrechen und können sogar zu Nierenversagen führen.

Kekse mit Fleisch oder Wurst

Der Hund gehört zur Gattung der Fleischfresser – wie sein Vorfahre, der Wolf. Kein Wunder, dass Leckerlis mit Fleisch bei ihm besonders gut ankommen …

Achten Sie darauf, beim Backen nur frische Wurst- und Fleischwaren zu verwenden!

Leberwurst-Pilze

Zutaten:

(für ca. 55 Stück)

80 g frische Leberwurst
100 g Hüttenkäse
130 g Weizenvollkornmehl
80 g Haferflocken
Petersilie

Außerdem:

Mehl für die Arbeitsfläche

Zubereitung:

1. Den Backofen auf 175 °C (Umluft 155 °C) vorheizen.

2. Die Leberwurst mit einer Gabel zerdrücken. Den Hüttenkäse dazugeben und mit dem Mehl und den Haferflocken gut vermischen. Etwas gehackte Petersilie dazugeben.

3. Den Teig auf einer bemehlten Arbeitsfläche ausrollen und Plätzchen in Form eines Pilzes ausstechen.

4. Auf einem mit Backpapier ausgekleideten Backblech ca. 12 Minuten backen. Auskühlen lassen.

Gib dem Menschen einen Hund und seine Seele wird gesund.

Hildegard von Bingen
(1098–1179)

Hackfleisch-Kugeln

Zutaten:
(für ca. 20 Stück)

200 g Rinderhackfleisch
100 g Haferflocken
1 Ei
20 g Schweineschmalz

Außerdem:
Mehl zum Formen

Zubereitung:

1. Den Backofen auf 180 °C (Umluft 160 °C) vorheizen.

2. Alle Zutaten zusammen in eine Schüssel geben und gut durchkneten.

3. Mit leicht bemehlten Händen kleine Kugeln formen. Diese auf ein mit Backpapier ausgekleidetes Backblech setzen und ca. 20 Minuten backen. Auskühlen lassen.

TIPP!

Schweineschmalz ist für Hunde unbedenklich: Das manchmal im Schweinefleisch befindliche Aujetzky-Virus wird bei der Schmalzherstellung durch das Kochen abgetötet.

Zutaten:
(für ca. 50 Stück)

1 Ei
100 g Dinkelvollkornmehl
70 g Haferflocken
100 g weiches Schweineschmalz
3 Scheiben Rindersaftschinken

Außerdem:
Mehl für die Arbeitsfläche

Schinken-Ecken

Zubereitung:

1. Den Backofen auf 175 °C (Umluft 155 °C) vorheizen.

2. Das Ei trennen. Das Dinkelmehl, die Haferflocken, das Schweineschmalz und das Eigelb mit den Knethaken des Handrührgerätes gut verkneten. Bei Bedarf so viel Wasser hinzufügen, dass sich der Teig gut weiterverarbeiten lässt.

3. Den Teig auf einer bemehlten Arbeitsfläche ausrollen, in Vierecke schneiden und mit Eiweiß bestreichen. Den Schinken in kleine Stücke schneiden und auf die Vierecke legen.

4. Auf einem mit Backpapier ausgelegten Backblech ca. 10 Minuten backen. Auskühlen lassen.

Zutaten:
(für ca. 35 Stück)

100 g Lyoner
100 g Frischkäse
50 g Maismehl
1 Ei

Wurst-Häppchen

Zubereitung:

1. Den Backofen auf 175 °C (Umluft 155 °C) vorheizen.
2. Die Lyoner in kleine Stücke schneiden, pürieren und mit dem Frischkäse, dem Maismehl und dem Ei verkneten.
3. Den Teig in kleinen Häppchen auf ein mit Backpapier ausgekleidetes Backblech setzen und ca. 15 Minuten backen. Auskühlen lassen.

TIPP!

Statt Lyoner können Sie auch die Lieblingswurstsorte Ihres Hundes verwenden.

Hähnchen-Kekse

Zutaten:

(für ca. 35 Stück)

1 Hähnchenbrust (ca. 140 g)
140 g Weizenvollkornmehl
2 EL geriebener Bergkäse
2 EL Haferflocken
20 g Schweineschmalz

Außerdem:

Mehl für die Arbeitsfläche

Zubereitung:

1. Den Backofen auf 175 °C (Umluft 155 °C) vorheizen.

2. Die Hähnchenbrust klein schneiden und pürieren. Das Mehl, den Käse, die Haferflocken und das Schweineschmalz vermischen und zusammen mit dem Hähnchenpüree zu einem Teig verarbeiten.

3. Den Teig auf einer mit Mehl bestreuten Arbeitsfläche ausrollen und verschiedene Formen ausstechen. Die Kekse auf ein mit Backpapier ausgekleidetes Backblech legen und ca. 15 Minuten backen. Auskühlen lassen.

Brät-Häppchen

Zubereitung:

1. Den Backofen auf 180 °C (Umluft 160 °C) vorheizen.

2. Das Brät mit dem Mehl und dem Wasser zu einem festen Teig verkneten.

3. Den Teig auf einer bemehlten Arbeitsfläche ausrollen und mit einem Pizzaroller in gleichmäßige Würfel schneiden.

4. Auf einem mit Backpapier ausgekleideten Backblech ca. 18 Minuten backen. Auskühlen lassen.

Zutaten:
(für ca. 120 Stück)
250 g Brät
250 g Vollkornmehl
100 ml Wasser

Außerdem:
Mehl für die Arbeitsfläche

Unter hundert Menschen
liebe ich nur einen,
unter hundert Hunden
neunundneunzig.

Marie von Ebner-Eschenbach
(1830–1916)

Hunde-Muffins

Zutaten:

(für ca. 9 Stück)

200 g Rinderhackfleisch
2 Eier
2 EL Pflanzenöl
50 ml Wasser
200 g Weizenmehl

Zubereitung:

1. Den Backofen auf 180 °C (Umluft 160 °C) vorheizen.
2. Das Hackfleisch, die Eier, das Öl und das Wasser in der Küchenmaschine gut verrühren. Das Mehl darübersieben und unterheben.
3. Den Teig in die gut gefetteten oder mit Papierbackförmchen ausgelegten Mulden einer Muffinform füllen und ca. 50 Minuten backen.

Hack-Bällchen

Zutaten:
(für ca. 50 Stück)

1 Karotte
100 g Rinderhackfleisch
100 g Vollkornmehl
ca. 50 ml Wasser

Zubereitung:

1. Den Backofen auf 180 °C (Umluft 160 °C) vorheizen.

2. Die Karotte schälen und klein hacken. Mit dem Hackfleisch, dem Mehl und dem Wasser zu einem Teig verrühren.

3. Aus dem Teig mit angefeuchteten Händen kleine Kugeln formen. Auf einem mit Backpapier ausgekleideten Backblech ca. 30 Minuten backen. Auskühlen lassen.

Leber-Chips

Zubereitung:

1. Den Backofen auf 180 °C (Umluft 160 °C) vorheizen.

2. Die Leber pürieren und mit dem Knoblauch, dem Mehl und dem Ei verrühren.

3. Den Teig auf ein mit Backpapier ausgekleidetes Backblech streichen und ca. 40 Minuten backen, bis der Teig knusprig ist. Auskühlen lassen und in viele kleine Chips brechen.

TIPP!

Knoblauch ist eine umstrittene Zutat für Hundefutter, die Sie hier auch weglassen oder halbieren können.

Zutaten:

(für 1 Backblech)

400 g frische Rinderleber
1 zerdrückte Knoblauchzehe
200 g Vollkornmehl
1 Ei

Hack-Sticks

Zutaten:

(für ca. 60 Stück)

150 g Rinderhackfleisch
40 g Schweineschmalz
190 g Dinkelmehl

Außerdem:

Mehl für die Arbeitsfläche
2 EL Haferflocken zum Bestreuen

Zubereitung:

1. Den Backofen auf 175 °C (Umluft 155 °C) vorheizen.

2. Alle Zutaten miteinander vermischen, etwas Wasser dazugeben und mit den Knethaken des Handrührgerätes zu einem Teig, der sich gut weiterverarbeiten lässt, verkneten.

3. Den Teig auf einer bemehlten Arbeitsfläche ausrollen und mit Haferflocken bestreuen. Diese leicht andrücken und die Teigplatte dann auf ein mit Backpapier ausgekleidetes Blech legen.

4. Mit einem Pizzaroller in schmale Streifen schneiden und ca. 30 Minuten backen. Auskühlen lassen.

Hundehütten

Dem Hunde,
wenn er gut erzogen,
ist selbst ein weiser
Mann gewogen.

Johann Wolfgang von Goethe
(1749–1832)

Zutaten:
(für ca. 30 Stück)

125 g Dinkelvollkornmehl
100 g Rinderhackfleisch
25 g Schweineschmalz
20 g geriebener Emmentaler

Außerdem:
Mehl für die Arbeitsfläche

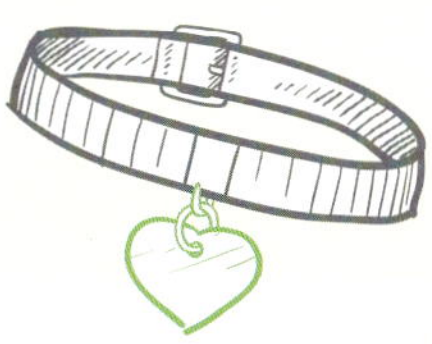

Zubereitung:

1. Den Backofen auf 175 °C (Umluft 155 °C) vorheizen.

2. Das Dinkelmehl mit dem Hackfleisch, dem Schweineschmalz und dem Käse verkneten.

3. Den Teig auf einer bemehlten Arbeitsfläche ausrollen und Plätzchen in Form von Hundehütten ausstechen.

4. Auf einem mit Backpapier ausgekleideten Backblech ca. 15 Minuten backen. Auskühlen lassen.

TIPP!

Setzen Sie die Paprika-Stangen gezielt zur Belohnung des Hundes ein, z. B. wenn er es schafft, nicht mit den schmutzigen Pfoten an Ihnen hochzuspringen.

Zutaten:

(für ca. 40 Stück)

2 Scheiben Vollkornbrot
1 Scheibe Knäckebrot
100 g Lyoner
½ rote Paprika
½ Knoblauchzehe
1 Ei
etwas Vollkornmehl

Paprika-Stangen

Zubereitung:

1. Das Vollkornbrot und das Knäckebrot zerbröseln. Die Lyoner, die Paprika und den Knoblauch klein schneiden. Ein Ei hinzufügen und alles zusammen pürieren.

2. So viel Mehl dazugeben, bis der Teig eine feste Konsistenz hat und nicht auseinanderfällt. Den Teig über Nacht im Kühlschrank ruhen lassen.

3. Den Backofen auf 180 °C (Umluft 160 °C) vorheizen.

4. Aus dem Teig Stangen formen und auf einem mit Backpapier ausgekleideten Backblech so lange backen, bis die Stangen fest sind (ca. 20–30 Minuten). Auskühlen lassen.

Kekse mit Fisch

Die meisten Hunde lieben Fisch! Er ist auch für ältere Hunde gut verträglich und zudem sehr protein- und mineralstoffreich.

Es ist empfehlenswert, Fisch vor der Weiterverarbeitung zu entgräten, damit keine Gräte im Hals Ihres Hundes steckenbleibt.

TIPP!

Statt Lachs eignen sich für diese Kekse auch Seelachs, Rotbarsch oder Schellfisch.

Zutaten:

(für ca. 20 Stück)

150 g Lachsfilet
200 g Weizenvollkornmehl
30 g Haferflocken
1 Ei
2–3 EL Pflanzenöl

Außerdem:

Mehl für die Arbeitsfläche

Lachs-Plätzchen

Zubereitung:

1. Den Backofen auf 150 °C (Umluft 130 °C) vorheizen.

2. Den Lachs in Wasser garen und dann mit etwas Wasser pürieren.

3. Das Lachspüree mit dem Mehl, den Haferflocken, dem Ei und dem Öl vermischen und daraus einen Teig herstellen, der sich gut weiterverarbeiten lässt.

4. Den Teig auf einer bemehlten Arbeitsfläche ca. 5 mm dick ausrollen und runde Plätzchen ausstechen. Diese auf ein mit Backpapier ausgekleidetes Backblech setzen und ca. 25 Minuten backen. Auskühlen lassen.

TIPP!

Besonders lecker werden die Rauten, wenn Sie sie vor dem Backen mit etwas geriebenem Parmesan bestreuen!

Thunfisch-Rauten

Zutaten:
(für ca. 60 Stück)

1 Dose Thunfisch (im eigenen Saft)
100 g Vollkornmehl
2 Karotten
1 Ei

Zubereitung:

1. Den Backofen auf 150 °C (Umluft 130 °C) vorheizen.
2. Den Thunfisch zerpflücken und mit dem Saft und dem Mehl vermengen. Die Karotten schälen und fein raspeln. Das Ei dazugeben und alles gut miteinander verkneten.
3. Den Teig auf ein mit Backpapier ausgekleidetes Backblech geben und ausrollen. Mit einem Pizzaroller in Rauten schneiden und 20 Minuten backen, dann von der anderen Seite nochmals 10 Minuten backen. Auskühlen lassen.

Thunfisch-Hunde

Zutaten:

(für ca. 50 Stück)

110 g Buchweizenmehl
110 g Dinkelmehl
1 TL getrocknete Kräuter
½ TL Knoblauchpulver
1 Dose Thunfisch (natur)
2 Eier

Außerdem:

Mehl für die Arbeitsfläche

Zubereitung:

1. Den Backofen auf 180 °C (Umluft 160 °C) vorheizen.
2. Die beiden Mehlsorten mit den Kräutern und dem Knoblauchpulver vermischen. Den zerpflückten Thunfisch und die Eier hinzufügen und daraus einen Teig herstellen, der sich gut weiterverarbeiten lässt.
3. Den Teig auf einer mit Mehl bestreuten Arbeitsfläche ausrollen und Plätzchen in Form von Hunden ausstechen. Die Thunfisch-Hunde auf ein mit Backpapier ausgelegtes Backblech geben und 30–35 Minuten backen. Auskühlen lassen.

Kartoffel-Thunfisch-Cracker

Zubereitung:

1. Den Backofen auf 180 °C (Umluft 160 °C) vorheizen.

2. Die Kartoffeln schälen, kochen und zerstampfen. Den Thunfisch mit dem Saft, die Haferflocken, das Mehl und das Öl dazugeben und alles zu einem Teig verarbeiten.

3. Mit angefeuchteten Händen Kugeln formen und diese leicht flach drücken. Auf einem mit Backpapier ausgelegten Backblech 25–30 Minuten backen. Auskühlen lassen.

TIPP!

Hunde dürfen nur gekochte Kartoffeln erhalten. Auch sollten die grünen Stellen vorher entfernt werden, da das darin enthaltene Solanin giftig ist.

Zutaten:

(für ca. 60 Stück)

220 g mehligkochende Kartoffeln
150 g Thunfisch (im eigenen Saft)
150 g Haferflocken
70 g Vollkornmehl
2–3 EL Rapsöl

Kekse mit Käse

Käse ist gesund und bei Hunden sehr beliebt. Da sie die Laktose nicht verdauen können, vertragen sie aber keine größeren Mengen.

Füttern Sie deshalb immer nur so viel, dass er eher eine aromatische Zutat ist.

Nuss-Käse-Cracker

HINWEIS!

Verwenden Sie auf keinen Fall Macadamia- oder Walnüsse! Diese sind für Hunde giftig und können schwere Gesundheitsschäden verursachen.

Zutaten:

(für ca. 100 Stück)

100 g gemahlene Haselnüsse
150 g Reibekäse
250 g Roggenvollkornmehl
2 Eier
2 EL Rapsöl

Außerdem:

Pflanzenöl zum Ausbacken

Zubereitung:

1. Die Zutaten genau abmessen und bereitstellen.

2. Die Nüsse, den Käse, das Mehl, die Eier und das Öl mit den Knethaken des Handrührgerätes gut verkneten. Bei Bedarf so viel Wasser hinzufügen, dass sich der Teig gut weiterverarbeiten lässt.

3. Den Teig zu einer Rolle formen und in ca. ½ cm dicke Scheiben schneiden.

4. In einer Pfanne das Pflanzenöl erhitzen und die Cracker darin ausbacken. Auf Küchenkrepp abtropfen und auskühlen lassen.

Hafer-Bällchen

Sei meines Hundes Freund und du bist auch der meine.

Indianisches Sprichwort

Zutaten:

(für ca. 35 Stück)

1 Handvoll Trockenfutter
2 EL Haferflocken
3 EL geriebener Emmentaler
3 EL Milch
2 Eier

Außerdem:

Mehl für die Arbeitsfläche

Zubereitung:

1. Den Backofen auf 180 °C (Umluft 160 °C) vorheizen.

2. Das Trockenfutter mit dem Pürierstab zerkleinern und mit den restlichen Zutaten mischen.

3. Aus dem Teig kleine Bällchen formen, auf ein mit Backpapier ausgekleidetes Backblech setzen und ca. 20 Minuten backen. Auskühlen lassen.

Die große Freude an einem
Hund besteht darin,
dass man sich vor ihm
blamieren darf:
Er wird es dir nicht nur
nicht übelnehmen,
sondern es auch noch
nachmachen.

Samuel Butler
(1835–1902)

Käse-Fischlis

Zubereitung:

1. Den Backofen auf 180 °C (Umluft 160 °C) vorheizen.

2. Aus dem Mehl, dem Käse und der Milch einen Teig herstellen, der sich gut weiterverarbeiten lässt.

3. Den Teig auf einer bemehlten Arbeitsfläche ca. 1 cm dick ausrollen und Plätzchen in Form eines Fisches ausstechen.

4. Auf einem mit Backpapier ausgekleideten Backblech ca. 15 Minuten backen. Auskühlen lassen.

Alles Wissen, die Gesamtheit aller Fragen und alle Antworten sind in den Hunden enthalten.

Franz Kafka
(1852–1931)

Zutaten:
(für ca. 60 Stück)
150 g Vollkornmehl
150 g geriebener Emmentaler
150 ml Milch

Außerdem:
Mehl für die Arbeitsfläche

Mais-Käse-Vögel

Zutaten:

(für ca. 25 Stück)

50 g Weizenvollkornmehl
50 g Maismehl
25 g geriebener Emmentaler
1 EL Rapsöl
75 ml Wasser

Außerdem:

Mehl für die Arbeitsfläche

Zubereitung:

1. Den Backofen auf 160 °C (Umluft 140 °C) vorheizen.

2. Die beiden Mehlsorten mit dem Käse vermischen. Das Rapsöl und das Wasser hinzufügen und alles zu einem Teig verkneten, der sich gut weiterverarbeiten lässt.

3. Den Teig auf einer bemehlten Arbeitsfläche ausrollen und Plätzchen in Form eines Vogels ausstechen.

4. Auf einem mit Backpapier ausgekleideten Backblech ca. 30 Minuten backen. Auskühlen lassen.

Schnelle Belohnungshappen

Zutaten:

(für ca. 25 Stück)

2 Scheiben Knäckebrot
50 g geriebener Käse
2 EL Naturjoghurt

Zubereitung:

1. Das Knäckebrot zerbröseln. Den Käse dazugeben und mit so viel Joghurt verrühren, bis eine klebrige Masse entsteht.

2. Mit angefeuchteten Händen Bällchen daraus formen.

HINWEIS!

Die Belohnungshappen müssen im Kühlschrank aufbewahrt werden. Dort sind sie ca. 5 Tage haltbar.

Knabber-Pfoten

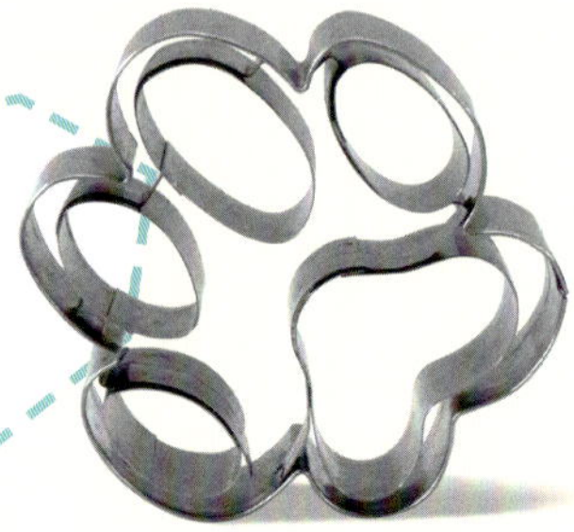

Zutaten:

(für ca. 20 Stück)

150 g Weizenvollkornmehl
80 g gemahlene Haselnüsse
20 g geriebener Parmesan
120 g Hüttenkäse
1 Ei
1 EL gehackte Petersilie

Außerdem:

Mehl für die Arbeitsfläche

Zubereitung:

1. Den Backofen auf 180 °C (Umluft 160 °C) vorheizen.

2. Das Mehl, die Nüsse und den Parmesan vermischen. Den Hüttenkäse, das Ei und die Petersilie hinzufügen und alles zu einem Teig verkneten, der sich gut weiterverarbeiten lässt. Bei Bedarf noch etwas Wasser dazugeben.

3. Den Teig auf einer bemehlten Arbeitsfläche ca. 6 mm dick ausrollen. Plätzchen in Form einer Pfote ausstechen und auf einem mit Backpapier ausgekleideten Backblech ca. 25 Minuten backen. Auskühlen lassen.

Polenta-Bälle

Zutaten:
(für ca. 35 Stück)

450 ml Hühnerbrühe (salzfrei)
200 g Polenta
1–2 EL Pflanzenöl
2 EL geriebener Parmesan
1 Ei
1 EL gehackte Petersilie

Außerdem:
etwas Maismehl

Zubereitung:

1. Den Backofen auf 175 °C (Umluft 155 °C) vorheizen.

2. Die Hühnerbrühe zum Kochen bringen. Die Polenta einrieseln lassen und unter häufigem Umrühren bei niedriger Hitze ca. 10 Minuten quellen lassen. Das Öl untermischen und abkühlen lassen. Bei Bedarf noch etwas Maismehl hinzufügen.

3. Den Parmesan, das Ei und die Petersilie untermischen und alles zu einem Teig verkneten, der sich gut weiterverarbeiten lässt.

4. Mit angefeuchteten Händen kleine Bälle formen. Diese auf ein mit Backpapier ausgekleidetes Backblech setzen und ca. 50 Minuten backen. Im ausgeschalteten Ofen langsam auskühlen lassen.

Kekse mit Gemüse oder Obst

Gemüse und ab und zu etwas Obst gehören zu einer ausgewogenen Hundeernährung dazu: Pürieren Sie es aber, damit das Tier die wertvollen Vitamine und Mineralstoffe besser aufnehmen kann.

Abgesehen von Kartoffeln und anderen Nachtschattengewächsen kann Gemüse und Obst auch roh gefüttert werden.

Gemüse-Crossies

Zutaten:
(für ca. 30 Stück)

1 kleine Karotte
1 kleine Zucchini
120 g Weizenvollkornmehl
80 g Haferflocken
2 EL Honig
1 Ei

Zubereitung:

1. Den Backofen auf 180 °C (Umluft 160 °C) vorheizen.

2. Die Karotte und die Zucchini putzen und fein raspeln.

3. Das Mehl und die Haferflocken dazugeben und alles vermischen. Mit dem Honig und dem Ei zu einem Teig verkneten, der sich gut weiterverarbeiten lässt.

4. Mit zwei Teelöffeln kleine Häufchen auf ein mit Backpapier ausgekleidetes Backblech setzen und ca. 15 Minuten backen. Auskühlen lassen.

Zutaten:
(für ca. 30 Stück)

1 reife Banane
200 g Dinkelmehl
50 g Buchweizenmehl
60 g Haferflocken
2 EL Honig
1 Ei

Außerdem:
Mehl für die Arbeitsfläche

Bananen-Taler

Zubereitung:

1. Den Backofen auf 180 °C (Umluft 160 °C) vorheizen.
2. Die Banane schälen und mit einer Gabel zerdrücken. Das Dinkel- und das Buchweizenmehl dazugeben und alles gut vermischen.
3. Die Haferflocken, den Honig und das Ei unterkneten.
4. Den Teig auf einer bemehlten Arbeitsfläche ausrollen und mit einem Plätzchenausstecher Taler ausstechen.
5. Auf einem mit Backpapier ausgelegten Backblech ca. 15 Minuten backen. Abkühlen lassen.

Hunde haben alle guten Eigenschaften des Menschen, ohne gleichzeitig ihre Fehler zu besitzen.

Friedrich II.
(1712–1786)

Apfel-Snacks

Zutaten:

(für ca. 60 Stück)

2 kleine oder 1 großer Apfel
160 g Weizenmehl
60 g Haferflocken
1 TL Zimt
1 EL Rapsöl

Zubereitung:

1. Den Backofen auf 175 °C (Umluft 155 °C) vorheizen.

2. Die Äpfel schälen und raspeln. Mit dem Mehl, den Haferflocken, dem Zimt und dem Rapsöl vermischen und zu einem Teig verkneten, der sich gut verarbeiten lässt. Bei Bedarf noch etwas Wasser dazugeben.

3. Mit einem Löffel kleine Bällchen auf ein mit Backpapier ausgekleidetes Backblech setzen und ca. 15 Minuten backen. Auskühlen lassen.

Bananen-Brote

Zutaten:

(für ca. 35 Stück)

1 reife Banane
280 g Maismehl
1 Ei

Zubereitung:

1. Den Backofen auf 175 °C (Umluft 155 °C) vorheizen.
2. Die Banane mit einer Gabel zerdrücken. Das Maismehl und das Ei hinzufügen und alles gut verrühren.
3. Den Teig auf ein mit Backpapier ausgekleidetes Backblech streichen, in längliche Rauten schneiden und ca. 15 Minuten backen. Auskühlen lassen.

Die Größe und den
moralischen Fortschritt
einer Nation kann
man daran messen, wie sie
die Tiere behandelt.

Mahatma Gandhi
(1869–1948)

Bananen-Leckerlis

Zutaten:
(für ca. 40 Stück)

1 reife Banane
100 g Grieß
2 EL Haferflocken
1 EL Honig

Zubereitung:

1. Den Backofen auf 180 °C (Umluft 160 °C) vorheizen.

2. Die Banane mit einer Gabel zerdrücken. Mit dem Grieß, den Haferflocken und dem Honig vermischen.

3. Mit einem Teelöffel kleine Bällchen auf ein mit Backpapier ausgekleidetes Backblech setzen und ca. 20 Minuten backen. Im ausgeschalteten Ofen bei geöffneter Backofentür auskühlen lassen.

Zutaten:
(für ca. 35 Stück)

1 große Karotte
60 g Haferflocken
1 Ei
250 g Weizenmehl
5 EL Fleischbrühe (salzfrei)
2 EL Pflanzenöl

Karotten-Kekse

Zubereitung:

1. Den Backofen auf 175 °C (Umluft 155 °C) vorheizen.

2. Die Karotte schälen und fein reiben. Mit den restlichen Zutaten vermischen und gut durchkneten.

3. Mit angefeuchteten Händen kleine Kugeln formen, auf ein mit Backpapier ausgekleidetes Backblech setzen und flachdrücken. Mit einer Gabel mehrmals einstechen und 15–20 Minuten backen. Auskühlen lassen.

TIPP!

Als Ersatz für salzfreie Fleischbrühe können Sie selbst eine Markbrühe herstellen: Kochen Sie dafür einen Markknochen ca. 30 Minuten in Wasser aus. Das ergibt eine für Hunde köstliche Brühe, die Sie auch für andere Rezepte verwenden können.

Kekse für besondere Anlässe

Ob Geburtstag, Weihnachten oder die Hundeprüfung – auch Ihr vierbeiniger Freund freut sich über eine kleine Aufmerksamkeit! Vor allem wenn Sie aus besonders leckeren Hundekeksen besteht …

Tolle Verpackungsideen

Auch Ihr Hund freut sich über Geschenke!

Sei es zum Hundegeburtstag, zu Weihnachten oder als Mitbringsel für den Hund des Gastgebers: Selbst gebackene Hundeleckerlis kommen immer gut an!

Überraschen Sie Ihren Hund zu seinem Geburtstag doch mal mit einer selbstgebackenen Hundeknochen-Torte (siehe S. 71). Oder backen Sie seine Lieblingsleckerlis und verpacken Sie sie in einer knisternden Cellophantüte (siehe S. 64), die das „Geburtstagskind" dann genüsslich aufreißen darf …

Bei einem Familienfest wie Weihnachten darf der Hund als Familienmitglied natürlich nicht vergessen werden: Obwohl er Ihnen wahrscheinlich gerne beim Futtern der „richtigen" Weihnachtsplätzchen behilflich wäre, sollten Sie ihm besser verträgliche Kekse schenken – z. B. in einer schönen Pappkugel (siehe S. 65) oder in einer weihnachtlich dekorierten Jutetüte (siehe unten) verpackt. Schließlich ist es auch ein vergnüglicher Anblick, wenn Hund versucht, sein Geschenk auszupacken …

Sie sind eingeladen und suchen nach einem passenden Mitbringsel? Warum nicht mal dem Hund des Gastgebers etwas mitbringen? Ein paar selbst gebackene Hundeleckerlis, in einer schönen Schachtel verpackt (siehe gegenüberliegende Seite), sichern Ihnen nicht nur einen Platz im Herzen seines Hundes!

Käse-Cracker

Zutaten:

(für ca. 50 Stück)

80 g geriebener Emmentaler
80 g Hüttenkäse
40 g geriebener Bergkäse
1 Ei
25 g gehackte Haselnüsse
180 g Weizenmehl
1 EL Pflanzenöl
2 Scheiben Knäckebrot

Zubereitung:

1. Den Backofen auf 180 °C (Umluft 160 °C) vorheizen.

2. Die verschiedenen Käsesorten, das Ei, die Nüsse, das Mehl und das Öl in eine Schüssel geben. Das Knäckebrot zerbröseln, hinzufügen und alles gut vermengen. Nach Bedarf noch etwas Wasser dazugeben, bis sich der Teig gut weiterverarbeiten lässt.

3. Mit angefeuchteten Händen kleine Kugeln formen und auf einem mit Backpapier ausgekleideten Backblech ca. 20 Minuten backen. Auskühlen lassen.

Schinken-Leckerlis

Zutaten:
(für ca. 30 Stück)

90 g Weizenvollkornmehl
25 g zarte Haferflocken
40 g gewürfelter Schinken
1 Ei
40 ml Wasser

Außerdem:

Mehl für die Arbeitsfläche

Zubereitung:

1. Den Backofen auf 175 °C (Umluft 155 °C) vorheizen.

2. Das Mehl mit den Haferflocken und dem Schinken vermischen. Das Ei und das Wasser hinzufügen und alles zu einem Teig verkneten, der sich gut weiterverarbeiten lässt.

3. Den Teig auf einer bemehlten Arbeitsfläche ca. 1 cm dick ausrollen und mit einem Pizzaroller in Stücke chneiden.

4. Auf einem mit Backpapier ausgekleideten Backblech ca. 30 Minuten backen. Auskühlen lassen.

Wer nie einen Hund gehabt hat, weiß nicht, was Lieben und Geliebtwerden heißt.

Arthur Schopenhauer
(1788–1860)

Fluffis

Zutaten:
(für ca. 30 Stück)
120 g Hähnchenbrust
2 Eiweiß

Zubereitung:

1. Den Backofen auf 150 °C (Umluft 130 °C) vorheizen.
2. Die Hähnchenbrust in kleine Stücke schneiden und pürieren.
3. Das Eiweiß steif schlagen und den Eischnee unter das Hähnchenpüree heben.
4. Mit einem Spritzbeutel kleine Bällchen auf ein mit Backpapier ausgekleidetes Backblech spritzen und ca. 40 Minuten backen. Die Fluffis bei geöffneter Backofentür auskühlen lassen.

Weihnachtssterne

Zubereitung:

1. Den Backofen auf 180 °C (Umluft 160 °C) vorheizen.

2. Das Dinkelmehl mit dem Buchweizenmehl mischen. Den Bergkäse dazugeben und mit dem Ei und dem Pflanzenöl zu einem Teig verkneten.

3. Den Teig auf einer bemehlten Arbeitsfläche ausrollen und Plätzchen in Form von Sternen ausstechen.

4. Auf einem mit Backpapier ausgekleideten Backblech ca. 12 Minuten backen. Auskühlen lassen.

Zutaten:
(für ca. 50 Stück)

120 g Dinkelvollkornmehl
40 g Buchweizenmehl
100 g geriebener Bergkäse
1 Ei
2 EL Pflanzenöl

Außerdem:
Mehl für die Arbeitsfläche

Der Hund vergisst
den einzigen Bissen nie,
und wirfst du ihm
auch hundert Steine nach.

Chinesisches Sprichwort

Mini-Knochen

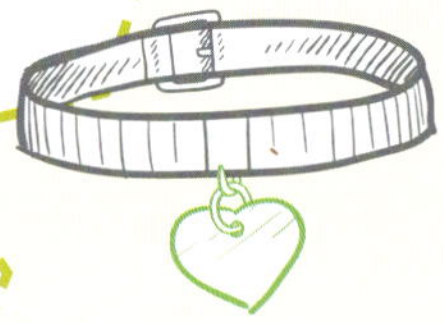

Zutaten:

(für ca. 60 Stück)

200 g frische Rinderleber
400 g Vollkornmehl
1 Ei
ca. 50 ml Wasser

Außerdem:

Mehl für die Arbeitsfläche

Zubereitung:

1. Den Backofen auf 180 °C (Umluft 160 °C) vorheizen.
2. Die Leber pürieren und mit dem Mehl, dem Ei und dem Wasser zu einem Teig verkneten.
3. Den Teig auf einer bemehlten Arbeitsfläche ausrollen und Plätzchen in Form eines Knochens ausstechen.
4. Auf einem mit Backpapier ausgekleideten Backblech ca. 30 Minuten backen. Auskühlen lassen.

Geburtstags-torte

Überraschen Sie ihren Hund mit einer tollen Hundeknochen-Torte zu seinem Geburtstag: Schneiden Sie aus Pappe einen großen Kreis, 4–5 kleinere und weitere 4–5 noch kleinere Kreise aus. Schichten Sie die Pappscheiben abwechselnd mit Hundeleckerlis übereinander. Dann platzieren Sie die Mini-Knochen (siehe nebenstehendes Rezept) rundherum auf 2 Ebenen und befestigen diese mit einer dünnen Schnur (siehe oben). Happy birthday!

Hunde-Waffeln

Zutaten:

(für ca. 4 Stück)

45 g weiche Butter
2 Eier
180 g Weizenmehl
1 TL Backpulver
70 ml Milch
70 ml Fleischbrühe (salzfrei)

Außerdem:

Butter oder Margarine zum Einfetten

Zubereitung:

1. Die Butter und die Eier schaumig rühren. Das Mehl, das Backpulver, die Milch und die Fleischbrühe unterrühren.

2. Ein Waffeleisen erhitzen und mit Butter oder Margarine einfetten. Aus dem Teig Waffeln backen und auskühlen lassen.

TIPP

Diese üppigen Eclairs sind ein ganz besonderer Leckerbissen und sollten nur bei bedeutenden Anlässen, wie z. B. die bestandene Hundeprüfung, gegeben werden.

Gefüllte Eclairs

Zutaten:

(für ca. 20 Stück)

150 g Weizenvollkornmehl
150 g Maismehl
75 g geriebener Emmentaler
2–3 EL Pflanzenöl
1 Ei
ca. 300 ml Wasser

Außerdem:

100 g Leberwurst für die Füllung

Zubereitung:

1. Den Backofen auf 160°C (Umluft 140°C) vorheizen.
2. Die beiden Mehlsorten, den Käse, das Öl und das Ei gut verkneten. So viel Wasser hinzufügen, bis ein Teig entsteht, der sich gut weiterverarbeiten lässt.
3. Den Teig in eine gut gefettete Silikon-Knochen- oder Eclair-Form füllen und ca. 30 Minuten backen. Auskühlen lassen.
4. Die Hälfte der Eclairs mit Leberwurst bestreichen und jeweils mit einem weiteren Eclair bedecken.

Wenn du einen verhungernden Hund auflíest und machst ihn satt, dann wird er dich nicht beißen. Das ist der Unterschied zwischen Hund und Mensch.

Mark Twain
(1835–1910)

Rezeptname: ……………………………………

Zutaten für ……… Stück:

Zubereitung:

Rezeptname: ……………………………………

Zutaten für ……… Stück:

Zubereitung:

Rezeptname: ....

Zutaten für .... Stück:

Zubereitung:

Rezeptname: ....

Zutaten für .... Stück:

Zubereitung:

Rezeptname: ....

Zutaten für .... Stück:

Zubereitung:

Rezeptname: ....

Zutaten für .... Stück:

Zubereitung:

Rezeptname:

Zutaten für .... Stück:

Zubereitung:

Rezeptname:

Zutaten für .... Stück:

Zubereitung:

Register

Genehmigte Lizenzausgabe
EDITION XXL GmbH
Industriestraße 19
64407 Fränkisch-Crumbach 2015
www.edition-xxl.de

Idee und Projektleitung: Sonja Sammüller
Layout, Satz und Umschlaggestaltung:
design cat GmbH

ISBN (13) 978-3-89736-296-3
ISBN (10) 3-89736-296-1

Bildnachweis

Shutterstock:
alicedaniel U4, 5, 7, 9, 14, 16, 25, 28, 32, 34–35, 37, 40, 47, 59, 64, 73; AnetaPics 37; Andresr U1; Anna Hoychuk 62; aquariagirl1970 2; Cheesegirl 56; Christian Mueller 37; David Charles Cottam 9; dezi 67; Dmytro Vietrov 60; Dora Zett U4, 30; Ermolaev Alexander 16, 50; Halfpoint 32; Hannamariah 67; Happy Art 5–9, 11–19, 22–29, 31–37, 39–41, 44–49, 51–55, 58–59, 61, 63–67, 70–73; HELL-FOTO 20; Ivonne Wierink 61; Ivonne Wierink 71; Jaimie Duplass 35; Javier Brosch 6, 13; Ksenia Raykova 42, 68; lenetstan 2, 3; leungchopan 8; LHF Graphics U1, U4, 2–7, 9–41, 43–48, 50–55, 57, 59–61, 63–74, 76–79; Liliya Kulianionak 25; Ljupco Smokovski 38; llaszlo 67; LuapVision 62; Makarova Viktoria 71; Maya Kruchankova 14; Olena Brodetska 74; Patryk Kosmider 47; pio3 19; rebeccaashworth 45; RoJo Images 62; sandis sveicers 8; Sergey Lavrentev 10; Soloviova Liudmyla 28; vitor costa U1